KB120880

나도 고양이 말 할 수 있어

Kitty Language: An Illustrated Guide to Understanding Your Cat by Lili Chin
Copyright ©2023 by Lili Chin
All rights reserved.
This Korean edition was published by Youngjin.com, Inc. in 2024 by arrangement with Ten
Speed Press, an imprint of the Crown Publishing Group, a division of Penguin Random House
LLC through KCC(Korea Copyright Center Inc.), Seoul.

ISBN 978-89-314-7589-0

독자님의 의견을 받습니다.
이 책을 구입한 독자님은 영진닷컴의 가장 중요한 비평가이자 조언가입니다. 저희 책의 장점과 문제점이 무엇인
지, 어떤 책이 출판되기를 바라는지, 책을 더욱 알차게 꾸밀 수 있는 아이디어가 있으면 팩스나 이메일, 또는 우편
으로 연락주시기 바랍니다. 의견을 주실 때에는 책 제목 및 독자님의 성함과 연락처(전화번호나 이메일)를 꼭 남
겨 주시기 바랍니다. 독자님의 의견에 대해 바로 답변을 드리고, 또 독자님의 의견을 다음 책에 충분히 반영하도
록 늘 노력하겠습니다.

주 소 : (우)08507 서울특별시 금천구 가산디지털1로 128 STX-V 타워 4층 401호
이메일 : support@youngjin.com
※ 파본이나 잘못된 도서는 구입처에서 교환 및 환불해드립니다.

STAFF
저자 리리 친 | **번역** 한성희 | **총괄** 김태경 | **진행** 윤지선 | **디자인·편집** 김효정
영업 박준용, 임용수, 김도현, 이윤철 | **마케팅** 이승희, 김근주, 조민영, 김민지, 김진희, 이현아
제작 황장협 | **인쇄** 예림

나도
고양이 말
할 수 있어

YoungJin.com Y.
영진닷컴

가장 사랑하는 고양이
맘보와 심미에게
이 책을 바칩니다.

목차

시작하는 글

안녕하세요, 고양이 애호가 여러분!

파트너와 함께 고양이 두 마리를 입양한 뒤 얼마 지나지 않아, 털이 보송보송한 검은 고양이 맘보는 날 특별한 사람으로 정했습니다. 맘보는 파트너나 다른 사람은 거의 건드리지도 못하게 했지만, 나는 어디든지 쫓아다니면서 갸릉거리며 인사하고, 뺨을 손에 비볐습니다. 내 물건 위에 앉고, 내가 일하는 모습을 지켜보고, 소파에 앉은 내게 기대기도 했지요. 맘보는 퍼즐 장난감과 클리커(딸칵 소리 나는 장치-역주)와 놀이를 위한 간식을 가져올 때도 아주 좋아해요. 고양이한테 이렇게나 많은 관심을 받을 줄 몰랐던 터라, 농담처럼 친구에게 맘보가 개처럼 군다고 했던 게 기억납니다.

그러자 고양이 훈련사인 친구는 짜증 내며 말했습니다. "아니야, 맘보는 고양이처럼 굴고 있다고!" 이 말이 어찌나 인상 깊던지요.

이 당시는 13년 동안 강아지를 키운 뒤에 처음으로 고양이를 키웠던 때였어요. 흔히 고양이가 강아지보다 가까워질 수 없고 훈련하기 힘들다는 생각에 의심이 들기 시작했습니다. 모든 문화에서 강아지는 우리에게 가장 친한 친구이고, 고양이는 쌀쌀맞거나 이상하거나 살기등등하다고 여기는 것 같았거든요.

고양이는 혼자 있기를 좋아하는 육식동물이긴 하지만, 동시에 사회적으로 유연한 동물이기도 합니다. (새끼 고양이가 어미에게 하듯이) 인간에게 애착을 느끼고 자신만의 방법으로 애정과 신뢰, '혼자 있는 시간'이 필요하다고 표현하니까요.

강아지 등의 다른 종이 표현하는 행동은
고양이가 표현할 때와 의미가 매우 달라요.

이 책을 쓰는 지금, 고양이의 보디랭귀지(몸짓 언어)에 관한 과학 자료가 강아지 자료만큼 많지는 않지만, 그래도 고양이가 어떻게 의사소통하는지 보여주는 연구가 꽤 많이 나와 있습니다. 왜 고양이는 얼굴로 벽 모서리를 문지르고 여기저기 할퀴는 걸까요? 고양이는 쓰다듬어 주길 원하거나 공간이 필요할까요? 고양이는 자신만만하거나, 겁먹거나, 편안하거나 불만족스러운 감정을 느끼고 있을까요? 고양이는 노는 걸까요? 아니면 싸우는 걸까요? 고양이가 집에서 안전하고 행복하다고 느끼려면 먼저 고양이의 보디랭귀지를 보고 이해할 수 있어야 합니다.

그러면 무엇을 살펴봐야 할까요? 고양이는 얼굴, 눈, 귀, 수염, 꼬리 등 온몸으로 자신의 기분과 감정을 신호로 전달합니다. 자세를 바꾸고, 움직이는 방향과 속도로 전달하기도 하죠. 하지만 고양이가 뭘 말하는지 제대로 알려면 몸의 한 부분이나 자세보다 더 많은 곳을 지켜봐야 합니다. 고양이가 등을 둥글게 말아 올리고 꼬리털을 곤두선 채 뒤로 물러나면서 하악질을 하면, 높은 확률로 두려워하는 거죠. 반면에 고양이가 같은 자세로 활발하게 옆으로 팔짝팔짝 뛰어다닌다면 즐겁게 놀고 있을 수도 있어요.

고양이의 보디랭귀지를 알려면 고양이가 상황에 따라 어떻게 움직이는지 지켜보면서 행동과 전체적인 상황 간의 관계를 이해하는 법을 배워야 합니다. 이 책을 쓰고 그리면서 우리 집 고양이들이 서로에게 말하는 방법과 나한테 말하는 방법을 더 잘 알게 되었습니다. 덕분에 예민하고 영리하고 표현이 풍부한 우리 집 고양이를 비롯해 모든 고양이를 새롭게 이해할 수 있었어요. 여러분도 《나도 고양이 말 할 수 있어》를 읽고 같은 경험을 하길 바랍니다.

Lili ×

꼭 알아 둬야 할 사항

1. 움직이는 몸 전체를 살펴보세요.

몸에서 특정 부분의 변화를 지켜보는 동안에도 항상 움직이는 고양이의 온몸을 살펴보세요.

2. 상황을 살펴보세요.

모든 행동에는 그럴 만한 이유가 있습니다. 고양이가 뭘 말하는지, 왜 그런지 이해하려면 그런 행동이 일어나는 상황을 살펴보세요.

3. 고양이마다 다 달라요.

고양이의 행동은 나이, 건강, 품종, 성별, 유전적 특징, 고유한 과거 경험에 따라서도 결정됩니다. 예를 들어 새끼 고양이일 때 사람들과 잘 어울렸던 고양이는 어릴 적에 사람들과 긍정적인 경험을 해 보지 못한 고양이와는 다른 행동을 보일 수 있어요. 비슷한 상황이라도 고양이가 저마다 다르게 행동하는 것은 당연해요.

움직이는 몸 전체를
살펴보세요.

상황을
살펴보세요.

고양이마다
다 달라요.

냄새

인간은 냄새와 페로몬을
제대로 이해하지 못하지만,
고양이가 냄새로 전달하려는 메시지와
관련된 행동으로 알 수 있습니다.

냄새로 전달하는 의사소통

모든 고양이는 자신만의 독특한 냄새를 가지고 있어요. 고양이는 원초적 감각인 냄새로 서로 알아갑니다.

고양이는 친한 고양이끼리 몸을 접촉하면서 자신만의 독특한 냄새를 섞어 누가 같은 집단이고 누가 아닌지 알아보는 공동 냄새를 만듭니다. 고양이는 친구나 가족끼리 몸에 닿거나 같이 자거나 서로 그루밍(털 손질)을 해서 공동 냄새를 자주 새롭게 합니다.

고양이 한 마리가 한동안 집을 떠났다가 낯선 냄새를 묻힌 채 돌아오면, 집에 있는 다른 고양이는 그 친구한테서 다시 자신들과 같은 냄새가 날 때까지 알아 보지 못할 수도 있습니다.

취선(냄새샘)

고양이는 얼굴과 몸에 있는 취선에서 화학신호, 즉 페로몬을 분비해서 다른 고양이에게 자신의 존재를 알립니다. 과학자들이 모든 취선의 정확한 위치를 계속 연구하고 있고, 지금까지 알아낸 바로는 다음과 같은 곳에 취선이 있어요.

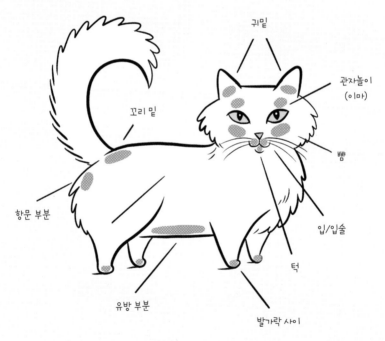

귀밑

관자놀이
(이마)

꼬리 밑

뺨

항문 부분

입/입술

턱

유방 부분

발가락 사이

고양이의 취선 위치

냄새 표시

냄새 표시는 고양이가 페로몬이 포함된 화학 신호를 집 안팎의 물건 여기저기에 남기는 것입니다. 이런 행동은 고양이가 하는 의사소통에 중요한 역할을 하고, 어디에 있든 안전하다고 느끼도록 해요.

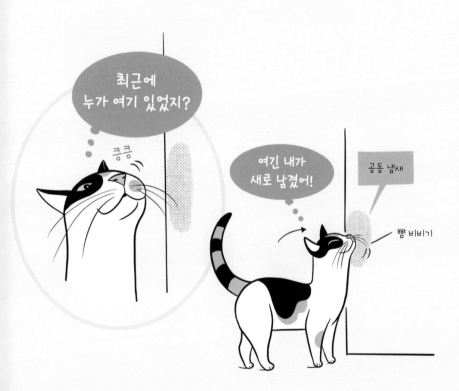

비비기와 할퀴기

고양이가 안면샘과 발가락샘에서 나오는 화학신호를 전달하는 데 쓰는
행동입니다.

시각 신호

● 벽과 가구 등에 얼굴과 몸을 비빈다.
● 발톱으로 꾹꾹 누르거나 긁는다.

고양이가 느끼는 기분이나 하는 행동

● 물건과 장소에서 친근하고 안심되는 냄새가 나서 기분이 좋음
● "여기 와본 적 있어." 또는 "여기 살고 있어."
● (시간이 지남에 따라 냄새가 옅어지면) 갔던 곳에 표시와 흔적을 새롭게 한다.
● 냄새로 전달하는 메시지를 다른 고양이와 공유한다.

19

화장실 이용

고양이 화장실이나 변기는 고양이의 독특한 냄새나 집안의 공동 냄새가 매우 응축된 곳입니다.

화장실에서 세제나 방향제처럼 강한 냄새가 나면 고양이는 화장실을 사용하지 않을지도 몰라요.

여긴
우리 화장실 중
하나야!

공동 냄새(오줌, 똥)

스프레이(오줌 표시)

오줌 싸는 것처럼 보이지만, 다른 게 필요하다고 표현하는 행동입니다.

시각 신호

● 꼬리를 높이 세우고 이따금 떤다(64쪽 참조).
● 수직면이나 지면보다 높은 물건에 오줌을 뿌린다.

고양이가 느끼는 기분이나 하는 행동

● 스트레스와 불안정
● 위치를 다시 확인하고, 어디 있는지 확실히 하고 싶은 욕구
● "우리 집에 이상한 변화가 생겼어!"
● "이곳을 우리 집처럼 느껴지게 만들어야 해."
● 중성화수술을 하지 않았다면, 냄새 메시지로 짝짓기 시도하기

21

냄새 처리
(플레멘 반응)

냄새로 의사소통하는 동물인 고양이는 입천장 위에 있는 보습코기관(야콥슨 기관)과 코를 둘 다 사용해서 냄새를 맡아요.

고양이가 이 기관으로 냄새 맡을 때의 얼굴 표정을 플레멘 반응(또는 스팅크 페이스, 엘비스 입, 처핑)이라고 부릅니다. 고양이가 냄새를 처리할 때 짓는 표정인데, 사람들은 종종 이를 보고 화났다고 오해한답니다.

흥미롭군.

(아랫니를 드러낸 채)
입을 크게 벌림

시각 신호

● 윗입술을 말아 올리고 아랫입술을 살짝 벌린다.
● 하품하거나 비웃거나 찡그린 것처럼 보일 수 있다.

고양이가 느끼는 기분이나 하는 행동

● "더 많은 정보를 얻고 있을 뿐이야……."
● 아주 정밀하게 냄새를 들이마시고 '맛보기'
● 페로몬 감지하기

참고: 플레멘 반응은 고양이만 하는 반응이 아닙니다. 말, 코뿔소, 염소, 사슴, 양, 강아지도 플레멘 반응을 해요! 어떤 종이냐에 따라 다른 행동을 보여요.

재미로 냄새 맡기

냄새 감지

강아지처럼 고양이도 후각이 뛰어나고 냄새가 나는 위치를 정확하게 찾
아내는 능력도 탁월합니다.

　고양이는 냄새를 감지할 때 일반적으로 강아지보다 느린 속도로 움직이
며, 냄새 분석에 집중하면 흥미가 없는 것처럼 보일 수 있습니다(예를 들어
잠시 멈춰서 허공을 빤히 바라보기).

숨겨둔
간식

여기
하나 있다!

냄새

휙
휙

잠시 멈춤

"캣닢(개박하) 반응"

고양이는 좋아하는 식물에서 나는 화학물질 냄새를 맡으면 다음과 같은
행동들을 보입니다.

시각 신호

● 바닥에 구르기

● 식물에 뺨과 턱을 비비기

● 침 흘리기, 머리 털기(136쪽 참조), 꿀렁거리는 피부(135쪽 참조), 장난스럽게
  붙잡기, 깨물기, 뒷발 차기(147쪽 참조)

고양이가 느끼는 기분

● 기분 좋고, 편안함

● 신이 나고 흥분됨

참고: 고양이라고 해서 다 반응하거나 똑같은 시각 신호를 보이지는 않아요.

고양이가 좋아하는
식물이 든 장난감

깨물기

발차기

얼굴 비비기

구르기

25

뛰어난 청력을 자랑하는
고양이의 귀는 얼굴에서 표현이
가장 잘 드러나는 곳입니다.
양쪽 귀에는 근육이 32개나 있어서
앞뒤좌우로 다 움직여요.

귀가 앞쪽으로 향함

앞으로 향한 귀

고양이가 대부분 편하게 취하는 귀 모양입니다.

시각 신호

● 귓구멍이 앞으로 향한다.

● 귀 끝이 위로 향한 채 양쪽으로 살짝 기운다(기울어진 각도는 고양이마다 다름).

고양이가 느끼는 기분

● 만족스러움

● 기분 좋고, 편안함

● 귀가 바짝 서 있으면, 주변 상황을 경계하는 것이다.

참고: 고양이는 기분이 안 좋을수록 양쪽 귀 끝이 서로 멀어져요.

더 높이, 더 가까이   귀를 세운 채 살짝 기울임   귀를 양쪽으로 넓게 벌림

경계함   **만족스러움**   **괜찮지 않음**

귀 레이더

대부분 고양이 귀는 더 멀리, 더 가까이, 앞으로, 양쪽으로, 뒤로, 이리저리 섞어서 다양하게 여러 방향으로 움직일 수 있습니다.

시각 신호

● 귓구멍을 휙 돌려 자유자재로 방향을 바꾼다.

● 양쪽 귀가 각각 따로 움직인다.

고양이가 느끼는 기분이나 하는 행동

● "여기 조심해야 할 게 있나요?"

● 여러 가지 소리가 나는 방향 분석하기

● 소리 나는 곳을 정확히 찾아내기

　고양이의 귀 모양과 보디랭귀지의 다른 변화와 연관된 움직임을 살펴보면 고양이가 당황했는지, 호기심을 보이는지 또는 걱정하는지를 알 수 있습니다.

(휴식 중)

회전하는 귀

'회전 고리 귀', '옆 귀', '오징어 귀'라고도 해요.

시각 신호

● 양쪽 귀가 회전한다.

● 귀 끝이 위 또는 뒤를 향한다.

 (앞에서 보면 귀가 더 가늘어 보임)

고양이가 느끼는 기분

● 불안함

● 어리둥절함

● 좌절감

● "상황이 좋지 않아."

● "조심해야 해!"

참고: 양쪽 귀가 회전하며 바깥쪽으로 향하면 고양이가 반대 방향에서 오는 두 가지 소리를
동시에 듣고 있다는 뜻일 수 있습니다. 고양이가 이 자세로 얼마나 오랫동안 양쪽 귀를 유지
하는지 살펴보면 스트레스 정도를 파악할 수 있어요. 고양이가 귀를 뒤쪽으로 회전할수록 더
많은 좌절감을 느낀다는 뜻입니다. 동시에 귀를 낮추면 두려워하는 거예요.

납작한 귀

접힌 귀, 낮아진 귀, '보이지 않는 귀'라고도 하며 '마징가 귀', 또는 귀 끝
이 날개처럼 옆이나 뒤로 향해 '비행기 귀'라고도 합니다.

시각 신호
● 귀는 납작하고 귓구멍이 보이지 않는다.
● 귀 끝이 아래나 뒤를 향한다.

고양이가 느끼는 기분
● 두려움
● 불안함
● 갇힌 기분

　귀가 납작할수록 더 강한 두려움을 느낀다는 뜻이에요!

아주 납작한 귀

하아악!!

더 이상 가까이
오지 마!!

방어 자세

35

아래로 향한 귀

일반적으로 고양이는 기분 좋고 자신만만하면 귀가 앞으로 향하고 꼿꼿이 세웁니다. 귀의 방향이 바뀌면 이를 지속하는 시간과 온몸에서 일어나는 반응을 살펴서 고양이가 스트레스를 받는지 알아봐야 합니다.

스트레스 상태

고양이가 숨거나 낮게 웅크렸는데 귀가 납작하면 당황하거나 두려워한다는 뜻입니다.

단지 귀를 보호하는 중

고양이는 놀거나 싸울 때 몸을 안전하게 보호하려고 귀를 낮추기도 합니다. 또한 머리를 쓰다듬거나 그루밍할 때도 방해되지 않도록 귀를 옆으로 제쳐요.

장소 탐색

고양이는 좁은 공간에 편안하게 몸을 맞추려고 귀를 낮추기도 합니다.

스트레스 상태

귀가 납작하고
아래로 향함

고개를 숙인 채
웅크리거나 숨음

동공 확장

단지 귀를 보호하는 중

납작한 귀를
뒤로 젖힘

싹
싹

납작한
귀

장소 탐색

납작한 귀를
앞으로 향함

종류가 다른 귀

어떤 고양이 품종은 귀가 제한적으로 움직입니다. 귀를 완전히 다 돌리거나 납작하게 하지 못할 수도 있고 아예 움직이지 못하기도 해요. 그러므로 고양이가 어떻게 느끼는지 알기 위해서는 더더욱 온몸의 움직임을 살펴봐야 합니다.

작은 귀가
멀리 떨어져 있음

조그맣게
돌림

귀가 서로 가까움
(최소한의 움직임)

편안함

항상
뒤로 말림

경계함

아주 넓고
항상 옆으로 향함

두려움

흥분함

귀가 항상 납작하거나
접혀 있음

눈

고양이는 항상
주변 환경을 보면서 배우고,
우리가 사물에 어떻게 반응하는지
관찰합니다.

부드럽게 바라보며
천천히 깜박이는 눈

고양이가 부드럽게 바라본다는 것은 평화롭다는 뜻입니다.

시각 신호

● 양쪽으로 뾰족하거나 졸린 눈으로 눈맞춤을 한다.

● 졸린 듯이 천천히 깜박일 수도 있다.

고양이가 느끼는 기분이나 하는 행동

● 편안함

● 친근함

● 긴장을 풀고 싶음

● "너랑 있어도 괜찮아."

● 다른 고양이나 사람이 천천히 눈을 깜박였을 때 따라함

　고양이는 사람보다 움직임을 훨씬 더 자세하게 봅니다. 고양이가 눈도 깜박이지 않고 쳐다보는 것 같다면, 여러분을 똑바로 바라보는 것이 아니라 단지 방안의 움직임을 보는 것일 수 있습니다.

빤히 노려보기/눈싸움

이 행동은 부드러운 응시와 반대로 대립적인 행동입니다.

시각 신호

- 다른 고양이를 오랫동안 빤히 바라본다.
- 고개를 들고 몸을 꼿꼿이 길게 세운다.
- 가만히 있음

고양이가 느끼는 기분이나 하는 행동

- 짜증 남
- "여긴 내 구역이야."
- "더 이상 가까이 오지 마."
- 다른 고양이를 쫓아낼 태세를 함

참고: 두 고양이가 서로 빤히 노려보면 한 마리가 달아나거나 둘이 싸울 수 있습니다. 두 마리가 이 상황에서 어떤 몸짓을 하는지 지켜보면 무슨 일이 벌어질지 예상할 수 있어요(99쪽 <우뚝 서서 위협하는 자세> 참조).

장난스럽게 사냥하듯이 바라보기

보통 몰래 숨어있다가 움직이거나 덮친 뒤에 하는 행동입니다.

시각 신호

- 눈을 크게 뜨고서 움직이는 작은 물건이나 동물을 열심히 쳐다본다.
- 경계하는 귀(29쪽 참조)
- 앞쪽은 가만히 있고 뒷다리와 꼬리를 움직인다.

고양이가 느끼는 기분

- 아주 흥미로움
- 집착함
- 사냥 놀이 모드(145~147쪽 참조)
- "널 잡을 거야!"

참고: 고양이는 움직이는 것은 아주 잘 보지만, 30센티미터보다 가까운 물체는 또렷이 보기가 힘들어요(56쪽 참조).

동공 크기

고양이는 너무 밝거나 완전히 어두우면 잘 보지 못하므로 밝기에 따라서 동공이 변합니다. 평상시나 밝지도 어둡지도 않을 때의 동공 크기는 고양이마다 다를 수 있습니다.

수축한 동공

시각 신호
- 동공이 세로로 난 좁은 구멍처럼 보인다.

고양이가 느끼는 기분이나 하는 행동
- 너무 밝으면 더 잘 보려고 한다.
- 거리를 측정하려고 초점을 예리하게 맞춘다.

동공 확장

시각 신호

● 동공이 크고 둥글다.

● 동공은 재빨리 커졌다가 평상시의 크기로 돌아올 수도 있다.

고양이가 느끼는 기분이나 하는 행동

● 약한 빛에서 더 잘 보려고 한다.

● 고양이는 다른 몸짓 언어나 상황에 따라 매우 흥분하거나 두려워할 수 있다.

참고: 특정 약물은 동공 크기를 변화시킬 수 있어요.

두려움

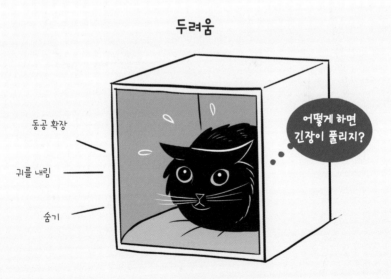

동공 확장

귀를 내림

숨기

어떻게 하면 긴장이 풀리지?

수염

고양이 수염은 우리 눈에
잘 안 보일지도 모르지만,
다양한 기능이 있습니다.

편안한
입수염

대부분 고양이는 수염이 편안하게 옆으로 뻗은 채 약간 처져 있습니다.
수염 모양은 고양이 품종마다 다를 수 있어요.

고양이는 얼굴에 난 수염 모낭에 혈관과 예민한 신경종말이 있어서 다음과 같은 도움을 받습니다.

- 공기 흐름의 변화를 감지한다.
- 좁은 공간을 측정해서 들어갈 수 있는지 알아낸다.
- 뭔가 너무 가까워서 눈을 보호하려고 깜박여야 할 때를 알아챈다.
- 가까운 물체나 먹이를 확인한다.

수염은 고양이가 어떻게 느끼거나 무슨 행동을 하는지도 알려줍니다.

응.
들어갈 수
있겠군.

수염을 앞으로 뻗기

시각 신호

● (고양이가 뭔가에 집중하는 동안에) 수염을 얼굴에서 멀리 쫙 뻗는다.

● 입을 부풀린 것처럼 보일 수 있다.

고양이가 느끼는 기분이나 하는 행동

● 흥분함

● 궁금함

● 가까운 먹이나 물체까지 거리를 측정함(고양이는 너무 가까우면 볼 수 없음)

(30센티미터보다 가까움)

잡았다!

수염을
앞으로 뻗음

뒤로 눌린 수염

시각 신호
- 수염이 얼굴에 납작하게 뒤로 눌리면 한데 뭉쳐 보일 수 있다.

고양이가 느끼는 기분
- 불안함
- 당황스러움
- "수염 건드리지 마."

　고양이는 뭔가가 너무 가까우면 보호하려고 수염을 뒤로 젖혀서 닿지 않게 할 수도 있어요(<뾰족한 수염>은 141쪽 참조).

꼬리

고양이는 돌아다니고 기어오를 때
꼬리로 균형을 잡고,
꼬리 모양과 움직임으로
기분을 전달하기도 합니다.

편안하고 높은 꼬리

편안하고 낮은 꼬리

편안하고
더 낮은 꼬리

편안한 꼬리

시각 신호

● 모든 고양이는 돌아다닐 때 꼬리를 편안하게 움직이는 모습이 약간씩 다르다.

● 약간 말려 있다(뻣뻣하거나 긴장하지 않은 상태).

고양이가 느끼는 기분

● "그냥 놀고 있어!"

● 편안함

● 특별히 신경 쓰이는 게 없음

편안한 꼬리

61

꼬리를 위로 세움

시각 신호

- 꼬리를 수직으로 가볍게 세운다.
- 꼬리 끝은 물음표나 막대 지팡이 사탕처럼 살살 말리기도 한다.

고양이가 느끼는 기분

- 기분 좋음
- 자신만만함
- 친근함
- "싸우려고 온 게 아니야." (멀리서도 꼬리가 보임)
- "너랑 잘 지내고 싶어."

72~75쪽의 <부풀어 오른 꼬리>와 혼동하지 마세요.

떨리는 꼬리

고양이가 누군가와 인사할 때 볼 수 있습니다(21쪽의 <스프레이>와 혼동하지 않도록 하세요).

시각 신호

● 꼬리는 수직으로 세운 채 (휙휙 흔들지 않고) 밑에서부터 떤다.

고양이가 느끼는 기분

● 기분 좋음
● 너무 좋아서 들뜸
● 매우 흥분하거나 정말로 뭔가를 원함

떨리거나
진동하는 꼬리

만나서
정말 기뻐!

등을
약간 말아
올림

가까이 다가감

꼬리로 접촉하기

시각 신호

● 다른 고양이의 꼬리나 몸 또는 사람을 꼬리로 건드리거나 감싼다.

고양이가 느끼는 기분이나 하는 행동

● 애정이 넘침
● 소통하고 싶음

네가 좋아

꼬리로 어깨동무
하기

꼬리털로
스치기

안녕!

긴장한 꼬리

보통은 고양이가 달아날 때 볼 수 있습니다.

시각 신호

● 꼬리는 뻣뻣하게 든 채 수직에서 낮춘다.
● 꼬리 끝은 바닥을 향하거나 몸 아래로 집어넣는다.

고양이가 느끼는 기분

● 의심스러움
● 불안함
● 걱정스러움
● "여기서 나가야 할까?"

꼬리를 휙휙 흔들기

시각 신호

● 꼬리 윗부분을 앞뒤로 휙휙 흔들거나 움직인다.

고양이가 느끼는 기분이나 하는 행동

● 상황에 관여함
● "완전 흥분돼!"
● 주변 환경에 있는 뭔가를 바삐 소화하는 중
● 집착함
● 뭔가 일어나기를 지켜보거나 기다림

　꼬리의 움직임이 클수록 감정이 더 강하다는 뜻이에요.

꼬리를 탁탁 치기

시각 신호

● 꼬리를 홱홱 움직이거나 휘두른다. 크게 흔들거나 철썩 때리거나 탁탁 치는 행동.

고양이가 느끼는 기분

● 당황스러움
● 좌절감
● "너무해!"
● "지금은 방심할 수 없어."

꼬리를 크게 움직이는 행동은 상황에 따라 흥분하거나 짜증 나거나, 자극이 너무 심하다는 신호일 수 있습니다.

세상에!

꼬리를 좌우로
휙휙 흔들기

뚫어지게
쳐다봄

70

깜짝 놀라
부풀어 오른 꼬리

전체적인 상황을 파악하려면 온몸의 움직임을 살펴보는 것이 중요합니다.

시각 신호

● 꼬리털이 갑자기 뻣뻣해지거나 덥수룩해지거나 부풀어 오른다.
● 몸 다른 곳의 긴장이 풀려도 꼬리는 부풀어 올라 있다.

고양이가 느끼는 기분이나 하는 행동

● 깜짝 놀람
● 느닷없이 당한 느낌
● 두려움과 혼란에서 회복하는 중

부풀어 올라
방어적인 꼬리

'꼬리 펑'한다고도 표현하고, '병솔 꼬리'나 '크리스마스트리 꼬리'라고도 불러요.

시각 신호

- 꼬리는 부풀어 오른 채 아래나 위를 향한다.
- 고개는 숙이거나 안으로 집어넣는다.
- 얼굴과 몸이 긴장한다.
- 더 커 보이려고 몸을 옆으로 돌린다.

고양이가 느끼는 기분

- 겁먹음
- 갇힌 느낌
- 방어적인 느낌
- "떨어져! 가까이 오지 마!"
- "공격이 최고의 방어야!"

97쪽의 <우뚝 선 채 겁먹은 자세>를 참조하세요.

종류가 다른 꼬리

고양이 꼬리로 모든 사정을 다 알 수 없으므로 온몸의 움직임과 상황을 살피는 것이 중요합니다. 특히 꼬리가 짧거나 없는 고양이의 경우에는 더 중요해요.

기분 좋음

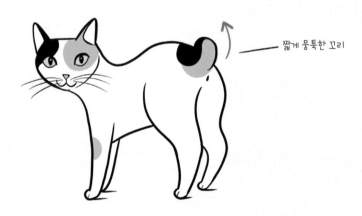

짧게 뭉툭한 꼬리

편안함

경계함

짧은 꼬리

웅크림

고개를 숙임

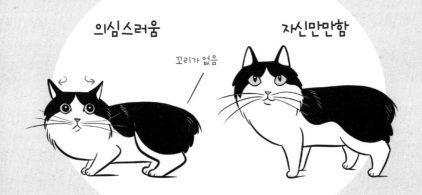

의심스러움

자신만만함

꼬리가 없음

자세

다음은
온몸의 움직임을 고려한
몇 가지 예입니다.

귀는 앞으로 향함

부드러운 눈빛

머리는 어깨 위로

긴장하지
않음

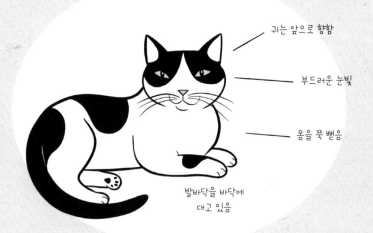

귀는 앞으로 향함

부드러운 눈빛

몸을 쭉 뻗음

발바닥을 바닥에
대고 있음

편안하고 만족스러운 자세

편안한 고양이는 몸이 부드럽고 유연해 보이며 느릿느릿 움직입니다.

시각 신호

- 얼굴과 몸이 긴장하지 않는다.
- 부드럽게 움직이며, 홱 움직이거나 움찔하지 않는다.
- 균형 잡힌 몸무게

고양이가 느끼는 기분

- 편안하고 만족스러움
- "다 괜찮아."
- "그냥 놀고 있어!"

참고: 발바닥을 땅에 대지 않은 고양이가 발바닥을 땅에 대고 있는 고양이보다 더 편안해 하는 거랍니다.

아주 편안하고 기분 좋은 자세

몸을 더 '펴거나' 쭉 뻗을수록 고양이의 기분이 더 편안하고 기분이 좋다는 증거입니다. 앞발로 꾹꾹 누르기도 해요(122쪽의 <꾹꾹이> 참조).

시각 신호
● 늘어지거나 쭉 뻗어서 몸을 편 자세
● 발(발 젤리)이 다 드러난 채 바닥에 닿지 않는다.
● 편안한 얼굴

고양이가 느끼는 기분
● 몸과 환경이 기분 좋음
● 아주 편안함

기분 좋아!

발가락과
발톱 쫙 뻗기

늘어지게 뻗음

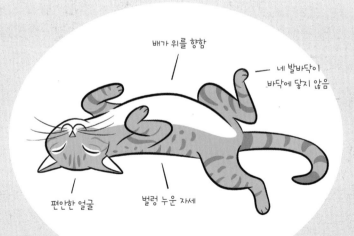

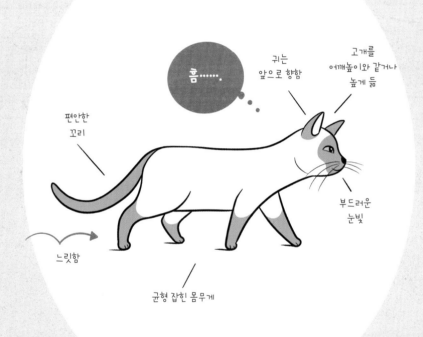

여유롭게 움직이는 자세

편안한 고양이는 몸에 어떤 긴장도 하지 않고 머리부터 꼬리까지 부드럽게 움직입니다. 고양이가 갑자기 격렬하게 휙 움직이면 흥분하거나 걱정하거나 짜증이 났다는 뜻이에요.

시각 신호
● 고개는 어깨높이와 같거나 높이 든다.
● 부드러운 눈빛에 귀는 앞으로 향한다.
● 천천히 느릿느릿한 속도로 걷는다.
● 편안한 꼬리는 높거나 낮다(고양이마다 다름).

고양이가 느끼는 기분
● 조금 궁금함
● 특별히 한 가지에 집중하지 않음
● 환경이 편안함

참고: 어깨높이와 연결해서 고양이의 머리 위치를 살펴보세요. 머리가 어깨높이보다 낮을수록 자신감이 부족하거나 불안하다는 뜻입니다.

당당하게 움직이는 자세

시각 신호

- 곧바로 다가간다.
- 머리는 어깨와 같거나 높이 든다.
- 귀는 앞으로 향한다.
- 꼬리는 높이 세운 채 살짝 말려있다(62~63쪽 참조).

고양이가 느끼는 기분이나 하는 행동

- 행복함
- 자신만만하고 편안함
- 친근함

꼬리는 (부드럽게) 위로 세움

안녕!

귀는 앞으로 향함

머리는 어깨높이보다 위로 듦

다가감

의심스러워하는 자세

고양이는 앉거나 서 있는 자세로 의심스럽다고 표현할 수 있습니다.

시각 신호

- 움직임을 멈춘다.
- 머리는 어깨높이보다 낮게 든다.
- 살짝 웅크리고 팔다리를 집어넣는다.

고양이가 느끼는 기분이나 하는 행동

- 의심스러움
- 조심스러움
- "다가갈까? 아니면 물러날까?"

이건 좀 달라.

꼬리를
낮춤

귀를 내리거나
빙빙 돌림

머리를 어깨높이보다 낮춤

살짝 웅크림

87

스크래칭
(표면 긁기)

스크래칭은 고양이에게 꼭 필요한 행동입니다. 발톱이 잘린(일명 발톱 제거) 고양이일지라도 긁으려고 할 정도니까요.

시각 신호

● 수평이나 수직면을 발톱으로 긁는다.
● 몸을 쭉 뻗는다.

고양이가 느끼는 기분이나 하는 행동

● 행복함과 신남
● 사람의 주의나 관심을 구함
● 긴장을 풀어야 함
● 발톱 손질: 발톱에서 죽은 외피를 제거하거나 발톱을 날카롭게 함.
● 몸을 잘 뻗기
● 페로몬 남기기(17~19쪽의 <냄새 표시> 참조)

경계와 호기심이 많은 자세

시각 신호

- 머리는 높이 듦
- 귀는 위로 향하고, 눈을 크게 뜸
- 뒷다리로 일어서기도 함

고양이가 느끼는 기분이나 하는 행동

- 경계심이 강하고 주의를 기울임
- 약간 긴장되지만 도망가서 숨을 정도는 아님
- "더 많은 정보가 필요해."

더 잘 봐야 해.

미어캣 자세

빤히 쳐다봄

뒷다리로 일어서기

집착하거나 쫓아다니면서
괴롭히는 자세

시각 신호

● 몸을 바닥으로 낮추고 목을 앞으로 쭉 내민다.

● 집중해서 쳐다보면 동공의 크기가 달라질 수 있다.

● 기다리면서 지켜보거나 천천히 앞으로 살금살금 걸어간다.

고양이가 느끼는 기분이나 하는 행동

● 매우 집중함

● 거리를 계산함

● "널 잡을 거야!"

145~147쪽의 <사냥놀이>를
참조하세요.

목표물이
가까이 있어!

귀를
앞으로 향함

똑바로
바라보기

앞으로 살금살금 걸어가기

목을 앞으로 쭉
내밀기

몸을 바닥으로
낮추기

불안한 자세

시각 신호
● 바닥에 가깝게 웅크리되 거리를 유지한다.
● 꼬리는 내리거나 아래로 집어넣는다.

고양이가 느끼는 기분
● 두려움
● 불안함
● 위험이나 불안을 예상함
● 달아날 준비를 함

당장 달아나야지!

긴장한 움직임

귀를 뒤로 젖히거나 납작하게 함

동공 확장

온몸을 바닥으로 낮춤

기대거나 살금살금 멀어짐

아주 두려운 자세

고양이는 두려울수록 몸이 작아지거나 납작해집니다.

시각 신호

- 웅크린 채 머리와 팔다리를 집어넣는다.
- 네 발로 바닥에 엎드린다.
- 동공이 확장된다.

고양이가 느끼는 기분이나 하는 행동

- 두려움
- 불안함
- "날 쳐다보지 마."
- "날 내버려 둬!"

전부 다 끔찍해⋯⋯.

웅크리기

고개를 숙인 채 집어넣음

귀를 납작하게 함

동공 확장

수염을 뒤로 젖힘

꼬리는 집어넣거나 몸을 감쌈

네 발을 바닥에 대고 있음

방어 자세

고양이가 '못되게' 군다고 종종 오해하기도 하는 자세입니다.

시각 신호

- 체중을 옮긴 채 몸을 웅크린다.
- 발을 들고 있다(후려칠 준비를 함).
- 귀는 납작하다.
- 하아악, 으르렁, 캭캭거릴 수 있다.

고양이가 느끼는 기분

- 갇혀서 달아나지도 못함
- 너무 무서움
- 없애려면 위협해야 함

이판사판 이야!

뻣뻣한 털

체중을 옮김

납작한 귀

캭아악!!!

고개를 숙임

발을 들고 있음
(후려칠 준비를 함)

우뚝 선 채 겁먹은 자세

보통 '핼러윈 고양이자세(꼬리를 위아래로)'로 알려진 이 자세는 흔히 '나쁘거나' '못된' 행동으로 오해받아요.

시각 신호

● 등을 둥글게 말아 올린 채 꼿꼿하게 우뚝 서 있는다.

● 고개는 숙이거나 집어넣는다.

● 옆구리를 보인다.

● 꼬리는 부풀린 채 아래나 위로 향한다.

● 하아악, 으르렁, 캬캭 소리를 낼 수 있다.

고양이가 느끼는 기분이나 하는 행동

● 깜짝 놀라거나 숨을 곳이 없어 두려움

● 갇힌 기분

● "여기서 나가!"

● 반격할 준비를 갖춤

● 최대한 크게 경고하는 것처럼 보이기

100쪽의 <등을 동그랗게 말아 올린 자세>를 참조하세요.

우뚝 서서 위협하는 자세

보통 다른 고양이에게 취하는 자세로, 앉아 있기도 합니다.

시각 신호

- 뻣뻣하게 우뚝 서 있는다.
- 고개는 어깨높이보다 높이 든다.
- 오랫동안 뚫어지게 쳐다본다.
- 하아악 또는 으르렁 소리를 내기도 한다.

고양이가 느끼는 기분이나 하는 행동

- 화가 나거나 짜증이 남
- 이 영역에서 다른 고양이를 쫓아내고 싶음
- "여긴 내 거야. 여기서 나가!"
- 공격할 태세를 갖춤
- 다른 고양이의 반응에 따라 싸우거나 물러날 수 있음

44쪽의 <빤히 노려보기>를 참조하세요.

등을 동그랗게 말아 올린 자세

자세는 비슷하나 움직임이 달라요!

위협 없애기

고양이는 불안하면 방어 자세를 취하려고 등을 높이 말아 올립니다. 고개를 낮추고 긴장한 움직임을 보여요.

"기분 좋아"

온몸이 늘어지고 편안한 상태로 등을 말아올리면, 느긋한 기지개나 친근한 인사를 건네는 중일 수 있습니다.

놀이 시작하기

고양이가 옆으로 펄쩍 뛰어오르면 같이 놀자는 뜻일 수 있습니다.

"기분 좋아"

놀이 시작하기

야～옹!

야옹!

갸르릉!

우오～～옹!

소리

집고양이는 100가지가 넘는 다양한
소리를 낼 수 있어요! 다음은 흔히 접하는
몇 가지 울음소리입니다.

이야옹!

야아옹!

가르랑거리기(골골송)

시각 신호

● 리드미컬하게 우르릉거리듯이 입을 다물고 내는 소리

고양이가 느끼는 기분이나 하는 행동

● 만족스러움

● 따뜻하고 친근한 환경에 있어서 행복함

● 몸짓으로 긴장되고 뒤숭숭하다고 보여주는 경우, 몸이 아파 스스로 진정하려
  고 애쓰고 있고 돌봄이 필요함

● (다양한 강도로) 뭔가 요구함

트릴링(Trilling) 또는
처핑(Chirruping) 소리

시각 신호

● 새가 짧게 지저귀거나 짹짹거리듯이 입을 다물고 내는 소리

고양이가 느끼는 기분이나 하는 행동

● 아는 사람에게 기분 좋게 다가감
● 어미 고양이가 새끼를 부름

꼬리를
위로 세움

갸르릉?

다가가기

부드러운 눈빛에
귀는 앞으로 향함

채터링(Chattering)

시각 신호

● 입을 열었다 닫음
● 깩깩 재잘거리거나 새처럼 짹짹 지저귀거나 우는 소리

고양이가 느끼는 기분이나 하는 행동

● 흥분
● 새나 다른 작은 사냥감을 지켜봄

야옹거리기

야옹거리기는 일반적으로 다 자란 고양이끼리 하는 의사소통 방법은 아니에요. 새끼 고양이는 어미에게 야옹거리고, 다 자란 고양이는 사람에게 야옹거리며 울어요.

시각 신호

● 모든 고양이는 다양한 요구를 표현하기 위해, 다른 음높이의 야옹 소리로 연주하는 자신만의 곡을 가지고 있다.

내 아침밥 챙겨야죠!

이야~아~옹……

냥!

캣티 오*로 나갈래요!

*(역주) 고양이를 위한 집밖의 공간

야~옹

장난감에 손이 안 닿아요!

꽉!

꺅!

고양이가 느끼는 기분이나 하는 행동

- "안녕하세요! 저기요! 잠시만요!"
- "그거 주세요……."
- 좌절이나 괴로움(보통 다른 음높이, 111쪽의 <울부짖는 소리> 참조)
- 먹이, 관심, 쓰다듬기 등을 요구함

  고양이는 사람에게 사용해서 효과가 있었던 소리를 또다시 써먹어요.

이야옹
이야옹!

이야옹!

이~야옹!

으르렁, 하아악, 캭캭 울음소리

시각 신호

● 보디랭귀지로 스트레스를 보여준다(32쪽의 <회전하는 귀>, 35쪽의 <납작한 귀>, 95쪽의 <방어 자세>, 97쪽의 <우뚝 선 채 겁먹은 자세> 참조).

고양이가 느끼는 기분

● 깜짝 놀라고 무서우며 스트레스를 받음. "여기서 나가!!!"
● "나한테서 떨어져!!!" (상황에 따라 구체적인 의미가 달라져요.)

110

울부짖는 소리(Yowling, 요울링)

'새된 소리'라고도 불러요.

시각 신호

● 저음으로 길게 야옹 소리를 내거나 울부짖음

고양이가 느끼는 기분이나 하는 행동

● 고통이나 지루함 또는 얼떨떨함
● 불편한 환경에서 괴로움을 표현함
● 사람을 찾고 있음
● 중성화 수술하지 않은 고양이는 발정기에 울부짖을 수 있음

친근한 행동

다음은 고양이가
다른 고양이나 사람과 가까워지고
싶거나 어울리고 싶을 때 하는
일반적인 신호입니다.

기분 좋은 안녕!

다른 고양이나 사람에게 하는 행동.

시각 신호
- 부드럽게 꼬리를 세운 채 다가간다.
- 편안한 얼굴과 몸
- 움직임에 긴장이 없다.

고양이가 느끼는 기분
- 행복감
- "싸우러 온 게 아니야!"
- "안녕!"

"물음표 모양의 꼬리"

안녕!

안녕!

꼬리를 세움

꼬리를 세움

부드러운 눈빛과 편안한 귀

머리와 얼굴을 비비는 행동

'번팅'이라고도 하고, 때로는 헤드범핑(head-bumping)이나 헤드번팅, 헤드버팅(head-butting)이라고도 불러요.

시각 신호
● 머리 윗부분이나 얼굴로 사람이나 물건에 대고 비비기(17쪽 참조)

고양이가 느끼는 기분이나 하는 행동
● 애정이 넘침
● 다시 만나서 즐거움
● "네가 좋아, 친구야!"
● 공동 냄새를 새롭게 함

몸에 닿는 행동

시각 신호

● (지나가거나 쉬는 동안) 몸에 닿기
● 꼬리에 닿거나 휘감을 수 있다.

고양이가 느끼는 기분이나 하는 행동

● 친근함
● "난 위협하지 않아."
● "우린 가족이야."
● 다시 만나서 즐거움
● 공동 냄새를 새롭게 함

꼬리를
치켜올림

피부 접촉

어서 와!

몸이나
꼬리에 닿기

코 뽀뽀

보통 이미 친한 고양이끼리는 서로 코로 접촉해요. 고양이의 보디랭귀지로 어떻게 소통하는지를 볼 수 있습니다.

시각 신호
- 코로 다른 고양이의 코에 닿기

고양이가 느끼는 기분이나 하는 행동
- 친근함
- 확인하기
- 인사하기

코 접촉하기

다시 만나서 반가워!

부드러운 눈빛

드러누워 뒹구는 행동

'사회적 뒹굴기'라고도 해요. 고양이는 둘 사이가 다 괜찮고 어떤 갈등도 일어나지 않을 거라고 확인하기 위해 다른 고양이 앞에서 드러누워 뒹구는 모습을 보여 줍니다.

시각 신호
- 옆이나 뒤로 드러누워서 뒹굴기
- 편안한 얼굴과 몸
- 부드럽고 유연한 움직임

고양이가 느끼는 기분
- 친근함
- 신뢰
- "잘 지내?"

때로는 다른 고양이와 함께 놀기 시작할 때 드러누워 뒹굴곤 합니다(148~149쪽의 <사회적 놀이> 참조).

119

배를 드러낸 채 뒹굴기

사람들은 취약한 이 자세를 보고 고양이 배를 만져도 괜찮다는 뜻으로 종종 오해합니다. 등을 대고 누운 고양이라고 해서 항상 어울려 달라고 하는 건 아니예요.

안녕, 네가 좋아!

고양이는 신뢰감과 친근감을 느끼면 낯선 사람 앞에서도 유연한 몸으로 드러누워 뒹굴어요. 다른 고양이 앞에서 뒹굴면 같이 놀자는 뜻일 수 있습니다.

방어 모드

고양이는 스트레스를 받아 몸이 뻣뻣하면 네 발로 자신을 지키려는 자세를 취할 수 있습니다.

캣닢 반응

어떤 고양이는 바닥에 뒹굴며 좋아하는 식물의 화학물질에 반응합니다(25쪽의 <캣닢 반응> 참조).

안녕, 네가 좋아!

우리 친구지?

배를 드러낸 채 뒹굴기

유연하게 쭉 뻗은 몸

귀는 앞으로 향함

발을 쭉 뻗음

방어 모드

배를 드러낸 채 긴장함

네가 감히?

(턱은 가슴으로 향하며) 고개를 숙임

귀를 뒤로 젖히거나 납작하게 함

발을 들고 있음(발톱 준비 완료)

캣닢 반응

배를 드러낸 채 뒹굴기

나한테 변화가 생겼어……

얼굴 비비기

편안한 얼굴과 몸

꾹꾹이(Kneading)

흔히 빨래하거나 비스킷, 빵 반죽을 치대듯이 주무르는 행동으로 보통 부드러운 침대나 사람의 무릎 위에서 합니다.

시각 신호
● 두 앞발로 표면을 리드미컬하게 꾹꾹 누른다.
● 골골거리거나 침을 흘릴 수도 있다.

고양이가 느끼는 기분이나 하는 행동
● 애정이 넘침
● 신뢰
● 편안함
● 스트레스 해소
● 발로 냄새를 남김(17~19쪽의 <냄새 표시> 참조)

　새끼 고양이는 젖을 빠는 동안에 어미 고양이의 젖이 잘 나오도록 꾹꾹이를 해요.

서로 핥아 주기

'알로그루밍', 또는 '소셜 그루밍'이라고도 하는 핥아 주기는 친한 고양이 끼리 서로 해주는 행동입니다.

시각 신호

- 고양이 친구가 얼굴이나 머리를 핥아 준다.
- 얼굴이나 목을 약하게 물 수 있다.

할짝할짝

고양이가 느끼는 기분이나 하는 행동

● 애정이 넘침

● 친근함

● 갈등을 막고 싶음

● 다시 만나서 즐거움

　알로그루밍을 하다가 짜증이 날 수도 있어요. 예를 들어 핥아 주는 것을 좋아하지 않는데도 다른 고양이가 핥아 주면 보디랭귀지(예를 들어, 꼬리를 탁탁 휘두르거나 찰싹 때리기 등)로 스트레스를 받고 있다고 표현합니다. "됐어. 이제 그만해!"라는 뜻이죠.

할짝
할짝
할짝

125

가까이 있기

우리는 고양이가 접촉하지 않거나 만져 주길 원하지 않으면서도 같은 공간에서 함께 어울리면 종종 '쌀쌀맞다'고 오해합니다. 하지만 다른 고양이나 사람과 한 공간에 있다는 것만으로도 고양이 사회에서는 대단한 일입니다.

시각 신호
● 고양이가 신체적으로 닿지 않더라도 가까운 곳에서 앉거나 쉬고 있다.
● 편안한 얼굴과 몸

고양이가 느끼는 기분이나 하는 행동
● 편안함
● 만족스러움
● "우리 가족과 함께 있어."
● 공동 냄새를 즐기고 있음

서로 싫어하는데도 억지로 같은 공간에 있는 고양이는 달리 갈 곳이 없어서 어쩔 수 없이 서로 참고 있을 뿐입니다. 이 경우에 고양이는 일정한 거리를 두고 자리를 잡고, 약간 불편한 보디랭귀지를 보여요.

갈등
또는 스트레스
행동

이런 행동은 고양이가
불안하거나 뭘 해야 할지
잘 모르거나, 스트레스를 겪을 때
볼 수 있습니다.

시선이나 고개를 돌리는 행동

흔히 냉담하거나 반사회적 행동으로 오해합니다.

시각 신호

● 눈 마주치기를 피하거나 스트레스 원인에서 고개를 돌린다.
● 끄덕이듯이 고개를 잠깐 떨굴 수 있다.

고양이가 느끼는 기분이나 하는 행동

● 불안함
● "나만의 시간이 필요해."
● 점잖게 소통을 중단하거나 끝내고 싶음

코를 핥는 행동

시각 신호

● 입이나 코를 재빨리 핥은 뒤에 삼킨다(먹은 뒤에 핥는 행위와 혼동하지 않기).

고양이가 느끼는 기분

● 불안함, 걱정스러움
● 당황함
● 긴장을 줄여야 함

뭐 하는데?

코 핥기

스트레스 그루밍
또는 스크래칭

혼자서 하는 그루밍은 고양이가 식사 후와 낮잠 자기 전에 흔히 하는 정
상적인 활동입니다. 스트레스 그루밍은 불안이나 갈등 때문에 일반적인
경우에서 벗어나 하는 행동이에요.

시각 신호

● 다른 일을 하다가 중간에 갑자기 자기 몸을 핥는다.
● 일반적으로 다리나 몸의 옆이나 꼬리 밑을 재빨리 핥는다.

고양이가 느끼는 기분

● 불안함
● 상황을 잘 모름
● 긴장을 풀어야 함
● 다른 일에 집중해야 함

참고: 몸의 한 부분을 오랫동안 그루밍하는 행동(오버그루밍)은 아프거나 불편하다는 신호일
수 있습니다. 특히 빨갛거나 벗겨진 곳이 있으면 더욱 주의하세요.

스트레스 하품

시각 신호

- 짧게 하품하기
- 고양이는 쉬고 있거나 졸린 것이 아니다.

고양이가 느끼는 기분

- 걱정스러움
- 불안함
- 긴장을 풀고 싶음
- 갈등을 피하고 싶음
- "이거 심각한데."

말썽을 일으키고
싶지 않아.

하~암

꿀렁거리는 피부

시각 신호

- 건드리면 등의 피부나 털이 물결치거나 굽이치거나 경련을 일으킨다.

고양이가 느끼는 기분

- 불편함
- 짜증 남
- 긴장을 풀고 싶음

참고: 건드리지 않는데도 꿀렁거리는 피부는 특정 약물과 고양이가 좋아하는 식물 그리고 고양이 지각과민 증후군으로 인해 일어날 수 있어요. 고양이 지각과민 증후군은 고양이의 피부가 너무 예민해서 건드리면 물결치는 증상이 일어나는 질환입니다.

피부가 경련하듯 떨리거나
물결치듯이 꿀렁거림

건드리지 마.

털기(흔들기)

시각 신호

● (젖지 않았을 때) 머리나 몸을 털기

고양이가 느끼는 기분이나 하는 행동

● "그만해, 됐어!"

● 스트레스 해소

● (긍정이든 부정적이든) 강렬한 경험을 한 후에 긴장 풀기

참고: 머리를 자주 흔든다면 귓병이 있다는 신호일 수도 있어요.

숨기

시각 신호

- 눈에 띄지 않고 반응하지 않는다.
- 숨을 곳이 없으면 얼굴과 몸을 꽉 막힌 구석에 밀어 넣는다.

고양이가 느끼는 기분

- 스트레스를 받음
- 불안하거나 불쾌함

참고: 고양이는 숨을 만한 자신만의 안전한 공간이 없으면 숨을 때보다 스트레스를 더 많이 받습니다.

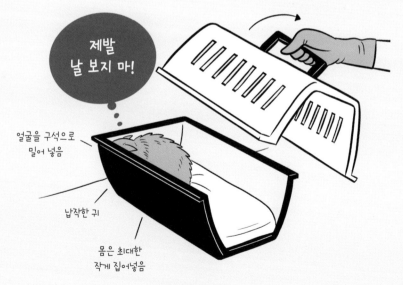

우다다하기

우다다는 고양이가 스트레스를 푸는 정상적인 방법입니다.

시각 신호

● 거의 벽에 부딪힐 정도로 갑자기 아주 빠르게 뛰어다닌다.

● 뛰어오르기, 기어오르기, 달려들기, 야옹거리기, 긁기, 물기 등을 할 수 있다.

고양이가 느끼는 기분

● 긴장 해소

● 안도감

● 오래 자거나 지루해서 쌓인 에너지 풀기

● 지나치게 흥분함

고양이는 대개 자연스럽게 잠에서 깨어난 시간(해 질 무렵과 새벽)에 우다다를 시작하고, 똥을 싼 뒤에도 달립니다.

자는 척하기

고양이는 안전하게 숨을 곳이 없으면 자는 척할 수 있어요.

시각 신호
- 반응하지 않고 웅크린 자세로 몸을 옴츠린다.
- 고개를 몸 안쪽으로 집어넣는다.
- 눈은 완전히 감지 않는다.

고양이가 느끼는 기분
- 스트레스가 많음
- 움직이고 싶지 않음
- "자는 것처럼 보이면 날 혼자 내버려 둘지도 몰라."

난 여기 없다, 여기 없다······.

(반응하지 않고) 고개를 숙임

찡그린 눈

고통스러운 얼굴

시각 신호

● 고개를 가슴 쪽으로 숙인다.

● 귀 끝이 양쪽으로 멀리 떨어져 있다.

● 눈을 찡그린 채 시선을 피한다.

● 수염은 평상시보다 뾰족하게 쭉 뻗어있다.

● 입꼬리를 뒤쪽으로 당긴다.

고양이가 느끼는 기분

● 약간 고통스러움

참고: 아무렇지도 않을 때의 귀와 수염의 위치는 고양이마다 달라요.

놀이

고양이 세계의 놀이에는
작은 물건이나 먹잇감으로 하는 사냥놀이,
고양이 친구와 함께하는 사회적 놀이
두 가지가 있어요.

쫓기

덮치기

붙잡기

들어서 던지기

사냥놀이

포식성 놀이, 먹잇감 놀이, 물건 놀이라고도 알려져 있습니다.

　사냥 행동은 고양이가 건강하게 생활하는 데 꼭 필요하며 삶의 만족도에도 중요한 부분을 차지합니다. 고양이는 혼자서 사냥하는 동물입니다. 따라서 사냥놀이는 먹잇감처럼 움직이도록 만든 장난감 등 작은 물건으로 사람 손을 빌려서 노는 활동입니다. 사냥놀이는 고양이에게 아주 재밌는 놀이이고, 여러분이 고양이와 유대감을 형성하며 고양이가 뭘 좋아하는지 알 수 있는 아주 좋은 방법이기도 합니다. 고양이는 사냥놀이를 할 때 발톱과 이빨을 써서 먹잇감을 갖고 놀아요.

물기

고양이는 자라면서 '이빨과 발톱'을
쓰는 활동이 줄고 '스토킹과 매복' 활
동을 더 즐깁니다.

지켜보며 기다림…

씰룩씰룩

매복 모드

스토킹과 매복

● 먹잇감 등 움직이는 물체를 뚫어지게
  쳐다봄
● 덮칠 준비를 함

146

놀이

이빨과 발톱

- 들어 올려서 던지기
- 찰싹 때리기, 붙잡기, 쥐기
- 뒷발로 긁기(뒷발차기)
- 죽이려고 물어뜯음

이빨과
발톱이다!

죽어랏!

사회적 놀이

고양이는 놀 때 싸운다고 오해받기 쉬워요. 두 마리가 놀 때는 심각하지 않은 '의례적인 다툼'을 하는 것입니다. 거칠게 뒤엉켜 노는 보디랭귀지는 공격하는 것처럼 보일 수 있지만 운동 경기에 더 가까워요.

시각 신호

- 빤히 쳐다보기
- 회전하는 귀
- 등을 말아 올리고 털이 부풀어 오름
- 꼬리를 크게 휘두름

팍!

발톱을 세우지 않음

팍!

고양이 행동이 즐거운 놀이인지 아는 법

- 대부분 조용함(하악, 으르렁, 캭캭거리지 않음)
- 발톱으로 때리거나 쳐도 통증이나 상처가 없음
- 물어도 통증이나 상처가 없음
- 위치가 위아래로 서로 바뀜
- 잠시 멈추는 경우가 많음(152쪽의 <놀이 중 잠깐 멈춤> 참조)
- 한쪽이 쉽게 떠나고, 쉽게 돌아오거나 주변을 맴돔

탁!

150

놀이로 볼 때 이런 행동은 모두 위협적이지 않은 신호입니다. 한 마리가 자리를 떠나기 전까지는 둘이 이렇게 붙어 있어요. 이빨과 발톱은 실제로 상처를 입히지 않도록 주의합니다. 두 고양이가 친한 사이라면 보통은 서로 핥아 줘요(124~125쪽 참조).

151

놀이 중 잠깐 멈춤

고양이는 쉽게 딴 데로 주의를 돌려요. 고양이가 놀이 중 자주 멈춘다면 상대편 고양이한테 큰 위협을 느끼지 않는다는 뜻입니다.

시각 신호
- 잠깐 딴 데 쳐다보기
- 잠깐 자기 몸을 핥거나 긁기
- 잠깐 머리를 돌리거나 끄덕이기
- 잠깐 멈춰서 눈을 부드럽게 깜박이기

고양이가 느끼는 기분이나 하는 행동
- "이 싸움에서 이기려면 어떻게 더 좋은 자세를 취할 수 있지?"
- 딴 데로 주의를 돌림
- 짧은 휴식이 필요함
- 다시 생각하고 다음 움직임을 고려하기

재미없을 때

때로는 친구끼리의 놀이가 너무 격렬해져서 싸움으로 바뀔 수 있습니다. 또한 한 마리는 사냥놀이를 하며 쫓는데 다른 고양이가 쫓기기만 한다면 더 이상 서로 즐겁지 않아요.

서로 즐겁게 노는지, 한 마리만 즐거운지 아니면 실제로 싸우고 있는지 알려면 고양이의 보디랭귀지와 움직임을 각각 주의 깊게 살펴봐야 합니다.

싸움이거나
서로 재미가 없을 때

시각 신호

- 하악, 으르렁, 캬캭 소리를 냄
- 멈추지 않고 격렬하게 붙어 있음(오랜 응시와 스트레스 신호)
- 물고 때려서 아프거나 다침
- 한 마리는 뒤쫓는데, 다른 한 마리는 달아나거나 떠나려고 하며 돌아오지 않음
- 두 마리가 진짜로 싸우면 누구도 쉽게 떠나지 않음

찰싹 때리기

손바닥 치기, 찰싹 때리기, 발차기는 가끔 발톱이 쓰일 때도 있어서 '공격적'이거나 '홱 움직이는' 행동으로 종종 오해받아요. 어떤 상황인지를 정확히 파악하려면 고양이가 이 행동을 하기 전후에 무슨 일이 있었는지 눈여겨봐야 합니다.

사냥놀이 작동!

고양이는 뭔가를 때렸을 때 움직이는 것을 보고 재미있어해요. 그래서 또 때리고 싶어 하죠.

그만해

고양이는 더 작은 의사소통 신호가 소용없으면 더 이상의 고통을 막으려고 발을 사용할 수도 있어요. "이제 됐어. 고마워."

추가 보상

고양이는 물건에 호기심이 생기면 발로 이리저리 탐색하기도 합니다. 때로는 사람의 특별한 관심을 받는 것처럼 큰 보상을 얻기도 해요.

사냥놀이 작동!

그만해

추가 보상

축하합니다

**여러분은 이제 고양이의 보디랭귀지를 이해하는
첫걸음을 내디뎠습니다.**

고양이 행동에 관한 더 많은 자료는 키티랭귀지북
홈페이지(kittylanguagebook.com)를 방문해 주세요.

감사의 글

이 책을 쓰는 데 도움을 준 고양이 행동 상담가와 과학자에게 깊이 감사드립니다.

- 캐롤라인 크레비에-샤보
- 미켈 델가도 박사
- 사라 더거
- 사라 엘리스 박사
- 한나 후시하라
- 엠마 K. 그리그 박사
- 로셸 과르다도
- 줄리아 헤닝

- 재클린 무네라
- 와일라니 성 박사
- 재지 토드 박사
- 안드레아 Y. 투 박사
- 멜린다 트루블러드-스팀슨
- 크리스틴 비탈레 박사

이 책을 아름답게 만들어 준 텐 스피드 프레스 출판사의 훌륭한 팀원인 줄리 베넷, 이사벨 조프레디, 테리 딜, 댄 마이어스에게도 감사드립니다.

초기의 초안을 읽고 지원해 준 내 친구와 가족, 네이선 롱, 린다 롬바르디, 솔베이 쇼우, 키티 스콧, 앨리스 통, 키엠 시에, 타-테 우, 크리스타 파우스트, 에두아르도 J. 페르난데스 박사에게도 감사드립니다.

나도 고양이 말 할 수 있어

1판 1쇄 발행 2024년 5월 30일

저　　자 | 리리 친
역　　자 | 한성희
발 행 인 | 김길수
발 행 처 | ㈜영진닷컴
주　　소 | ㈜08507 서울 금천구 가산디지털1로 128
　　　　　STX-V타워 4층 401호
등　　록 | 2007. 4. 27. 제16-4189호

©2024. ㈜영진닷컴

ISBN | 978-89-314-7589-0

YoungJin.com **Y.**
영진닷컴